NOTICE

SUR LES

SOURCES MINÉRALES DE SAINT-ALBAN

– LOIRE –

(Suite)

PAR

M. A. COLLET

Docteur ès Sciences

LYON

A. REY & Cie, IMPRIMEURS-ÉDITEURS

4, RUE GENTIL, 4

—

1907

NOTICE

SUR LES

SOURCES MINÉRALES DE SAINT-ALBAN

(Loire)

PAR

M. A. COLLET

Docteur ès Sciences

SAINT-ALBAN AU XVIII° SIÈCLE. — Au cours du XVIII° siècle, les eaux de Saint-Alban ont été l'objet de nombreux travaux, notamment de la part de Chicoineau (1725), des médecins roannais Vialon et Rostain, de Gavinet (1763), et de Marin Richard de la Prade (1774-1778), médecin à Montbrison et intendant des Eaux minérales de Montbrison, de Saint-Galmier et de Sail-sous-Couzan.

Elles sont citées dans les ouvrages généraux de Piganiol de la Force (1718 et éditions suivantes), de Bruzen la Martinière (1726-1730), et dans les monographies régionales d'Alléon-Dulac (1765-1786), de Passinges (1797) ; enfin, la plupart des auteurs de traités sur les eaux minérales leur consacrent des notices plus ou moins développées : J.-F. Chomel (1734), Planque (1753), Buchoz (1772-1775), Raulin (1774), Carrère (1785) (1).

Toutefois, c'est à Antoine Rostain, intendant de ces sources, que l'on doit leur mise en valeur ; par des expériences et par des observations multipliées il chercha à détruire les idées fausses répandues dans le public sur la nature de ces eaux, et à faire connaître leurs véritables propriétés (2).

---

(1) Ces notices ne renferment aucun travail original; elles reproduisent les observations de Duclos et celles de M. Richard de la Prade.

(2) Rostain réussit à ramener à Saint-Alban un certain nombre de buveurs et de malades. On lit, en effet, dans l'*Almanach de Lyon* de 1787 : « Saint-Alban, hameau de la paroisse de Saint-André-d'Apchon en Roannais, remarquable par ses eaux minérales *très fréquentées et qui acquièrent tous les jours de la réputation.* »

Les fontaines, au nombre de quatre (1), jaillissaient alors au milieu d'une prairie (transformée plus tard en parc anglais) ; elles étaient enfermées dans une petite enceinte murée, non couverte, de 14 pieds carrés. Cet enclos muré, déjà signalé par Jean Banc (1605), fut démoli en 1858-1859 et remplacé par la fosse circulaire actuelle.

Richard de la Prade et Alléon-Dulac ont laissé une description assez précise des sources en 1774-1786.

La première fontaine que l'on trouve en entrant dans la cour est la plus usitée ; on la nomme fontaine de *Diane*. Elle est contenue dans un puits carré plus profond que les trois autres ; la superficie de son bassin est de 3 pieds carrés et demi. Elle fournit une eau très limpide.

La deuxième fontaine est entourée d'un bassin de moindres dimensions ; on l'appelle fontaine des *Galeux* ; son eau, moins limpide que celle de la première, est utilisée en lotions (2).

La troisième source a été ouverte par Rostain ; elle est dépourvue de bassin. Ses eaux sont de bonne qualité, mais blanchâtres et fort troubles.

La quatrième source est située dans l'épaisseur d'une muraille (source du *Mur*) ; son eau, faiblement ferrugineuse, est très peu employée.

Les sources sont auprès d'une chapelle érigée à Saint-Alban (3) ; elles paraissent venir d'une montagne qui est vers

(1) En 1718, Piganiol de la Force mentionnait seulement la présence de trois fontaines.

(2) Dans sa *Lettre à MM. les Auteurs du Journal de Médecine* (1779), Desbret cite les eaux de Saint-Alban : « Je sais que les eaux de cet endroit ont un goût acerbe, austère, styptique, et qu'elles sont ferrugineuses. Je sais qu'elles ont plusieurs propriétés ; qu'elles ont celle de faire mourir les serpents et les grenouilles et qu'on les vante surtout pour la guérison de la gale. La nature, toujours libérale dans la dispensation de ses dons, sait pourtant les varier et les distribuer avec sagesse. Les galeux peuvent recourir à Saint-Alban ; que les eaux de ce lieu conservent à jamais cette vertu salutaire aux malheureux dévorés par la vermine ! »

(3) Cette chapelle, qui existait déjà au XVII° siècle (Jean Banc, 1605), a été désaffectée après la construction de l'église paroissiale et transformée en une salle d'inhalation de gaz carbonique, puis en entrepôt. Elle était entourée d'un cimetière, car, au cours des travaux de terrassements exécutés en 1858-59 au voisinage des fontaines, on découvrit un certain nombre d'anciennes sépultures.

le nord-ouest, et leurs eaux coulent au sud-est. Elles bouillonnent toutes, mais il ne s'y élève pas des jets pétillants comme à celles de Seltz, de Saint-Myon, de Sail-sous-Couzan, etc.

Suivant Richard de la Prade, « les eaux de Saint-Alban sont très anciennes, quoiqu'elles n'aient pas joui, jusqu'aujourd'hui, d'une réputation bien étendue ; ce n'est pas qu'elles ne l'ayent méritée par leurs propriétés. Les observations que l'on a faites sur les effets de ces eaux dans différentes maladies, répondent parfaitement aux qualités des principes qui les minéralisent. On a reconnu par ces observations, qu'elles sont rafraîchissantes, laxatives, apéritives, diurétiques ; qu'elles guérissent les écoulements gonorroïques, les fleurs blanches rebelles, et principalement les éruptions cutanées, telles que la gale, les dartres, la lèpre, etc. » *(Analyse et Vertus des Eaux minérales du Forez*, 1778, pages 86-87).

Alléon-Dulac décrit longuement les propriétés que l'on attribuait à ces eaux ; nous nous bornerons à donner quelques extraits de son manuscrit.

Les fontaines de Saint-Alban « sont les seules qui jouissent de quelque réputation dans nos trois provinces..., il est fâcheux qu'on n'en fasse pas un usage plus fréquent encore. On y viendrait infailliblement de plus loin si l'on parvenait jamais à rendre le local aussi commode que ces eaux sont salutaires...

Ces eaux se prennent avec succès, soit intérieurement, soit en forme de bains. Les fontaines ne diffèrent que par le plus ou le moins de principe volatil minéral ferrugineux que contiennent leurs eaux... Les propriétés qui dérivent de ce principe sont de délayer les liqueurs, de pénétrer dans les plus petits vaisseaux, de fortifier les fibres, d'augmenter la force des oscillations, de dissoudre les humeurs bilieuses, de faire mourir les vers, de détruire les restes de maladies vénériennes, la gale, les verrues... Rien de mieux constaté que la salubrité des eaux de Saint-Alban et la multiplicité des bons effets qu'elles ont produits. Rien par conséquent de mieux placé qu'une confiance entière en elles de la part de ceux qui sont atteints des maladies qu'elles peuvent guérir.

Mais il y a sur les lieux presqu'aucune des commodités dont on y aurait besoin pour prendre ces eaux d'une manière avantageuse. Le village est si pauvre, les habitations si délabrées, que les malades ne sauraient s'y procurer des logements convenables. Les fontaines auraient besoin d'être couvertes pour que l'eau s'évaporât moins et qu'elle fût à l'abri des insectes et des immondices que les vents y jettent. Il faudrait qu'on empêchât l'eau d'un ruisseau qui domine les fontaines de se mêler avec elles lorsqu'on détourne ce ruisseau pour arroser un pré voisin des eaux minérales. Il faudrait encore que le chemin de Roanne à Saint-Alban ne fût pas tout à fait impraticable, comme il l'est souvent... » (Alléon-Dulac, *Mss de Saint-Etienne* ; feuillet 81).

L'intendant Rostain s'efforça d'améliorer les sources et de remédier, au moins en partie, aux fâcheux inconvénients signalés par Alléon-Dulac. Nous avons un témoignage de ses efforts dans l'ordonnance suivante, rendue à son instigation, en 1786, par l'Intendant de la Généralité de Lyon :

« *De par le Roi, ordonnance de Monseigneur l'Intendant de la Ville et Généralité de Lyon, concernant l'entretien des fontaines, et la distribution des Eaux Minérales de Saint-Alban. Du 24 mars 1786.*

« Antoine-Jean Terray, chevalier, conseiller du roi en ses conseils, Maître des Requêtes ordinaires en son Hôtel, Intendant de Justice, Police et Finances dans la Ville et Généralité de Lyon, et Commissaire départi pour l'exécution des Ordres de Sa Majesté dans lesdites Ville et Généralité.

« Vu la Requête à nous présentée par le sieur Antoine Rostain, docteur en médecine de l'Université de Montpellier, Intendant des eaux minérales de Saint-Alban ; par laquelle il expose, que dès le printemps de l'année dernière, il s'occupa, conformément à l'article III de l'Arrêt du Conseil d'Etat du Roi, du 5 mai 1781 (1), concernant l'examen et la distribution des

(1) Arrêt du Conseil d'Etat du Roi concernant l'examen et la distribution des eaux minérales et médicinales du royaume, du 5 mai 1781 :

. . . .

Article III — Lesdits Intendans rendront compte chaque année au Surintendant et à la Société (royale de médecine) de l'état actuel des sources minérales, des fontaines ou bassins ; ils veilleront avec soin

eaux minérales et médicinales du royaume, à corriger divers abus que commettaient ou laissaient commettre les préposés à l'entretien des fontaines et à la distribution des eaux minérales ; qu'il donna, en conséquence, des ordres qui n'ont été, jusqu'à ce jour, que très imparfaitement exécutés par lesdits préposés ; et comme il est intéressant que ces eaux, dont l'efficacité est constatée par une infinité de guérisons, ne perdent pas une réputation si justement acquise, ni le public, un secours si utile contre des maux rebelles et invétérés ; ce qui arriverait infailliblement si ces abus subsistaient. A quoi voulant pourvoir, Nous avons ordonné ce qui suit :

« *Article I.* — Les préposés à l'entretien des Fontaines et à la distribution des eaux minérales de Saint-Alban, déblayeront d'abord cette année, et ensuite chaque année, avant le mois de juin, le grand puits quarré, ou Bassin appelé la Fontaine de Diane ; de manière qu'il y ait près de 18 pieds de profondeur ; en vuideront l'eau chaque année, à pareille époque ; et enfin, ôteront le limon adhérent aux parois.

à leur entretien, à leur propreté et à leur conservation, et ils donneront leurs avis sur les réparations et les changemens qu'ils jugeront utiles ou nécessaires.

. . . .

Art. VIII. — Lesdits Intendans seront toujours présens lorsque les Eaux destinées à quelqu'envoi seront puisées à leur source ; ils indiqueront l'heure du jour la plus convenable, et ils certifieront par écrit leur présence.

Art. IX. — Immédiatement après que les bouteilles auront été remplies à la source, elles seront exactement bouchées, et les Intendans particuliers auront soin qu'on y appose l'empreinte d'un cachet qui leur aura été envoyé par la Société royale de médecine, laquelle en fera remettre un pareil aux différens Commissaires-Inspecteurs chargés de vérifier l'état des bouteilles, soit à Paris, soit dans les Provinces.

Art. X. — Toutes les fois qu'il sera fait un envoi quelconque d'eau minérale, soit à Paris, soit dans les Provinces, pour être distribuées dans les bureaux ou pour l'usage des particuliers, les Intendans auront soin que la Société soit instruite du jour où elles arriveront, ils lui enverront en même temps une facture exacte, indiquant le nombre et la forme des bouteilles, avec la date de l'année, du mois et du jour où ces Eaux auront été puisées ; le tout signé d'eux.

. . . .

(Archives départementales du Rhône, série C-4 ; affiche imprimée.)

« *Art. II.* — Ils vuideront aussi, à pareille époque, et nettoieront les bassins des trois autres fontaines.

« *Art. III.* — Ils ouvriront la porte de l'enceinte des fontaines du côté du midi, lors de l'arrivée de la première personne qui viendra boire les eaux, et ils la fermeront dès qu'on aura cessé de les boire ; à cet effet, ils tiendront aux Fontaines quelqu'un de sûr et en état d'en imposer aux jeunes gens qui pourraient venir jeter quoi que ce soit dans le bassin des Fontaines, ou y faire quelque autre dégradation.

« *Art. IV.* — Les eaux pour les bains seront toutes puisées, à l'avenir, avant six heures du matin ; cependant, comme il serait difficile aux préposés de le faire jusqu'à ce qu'ils aient fait placer une pompe dans la Fontaine de Diane, il leur sera permis, pour cette année seulement, de puiser l'eau pour les bains jusqu'à sept heures du matin ; ce qui n'aura lieu, toutefois, que dans le cas où les préposés feront une soumission solidaire de placer ladite pompe avant le premier juin de l'année prochaine.

« *Art. V.* — Il ne sera pas permis aux préposés de passer l'eau pour les bains par la porte du côté du midi, qui doit être réservée pour les buveurs.

« *Art. VI.* — Lesdits préposés seront tenus d'avertir l'Intendant des Eaux ou, en cas d'absence dudit Intendant, la personne par lui commise, lorsqu'il sera demandé des envois des eaux minérales, quelque modiques qu'ils soient, afin que ledit Intendant, ou la personne par lui commise, indique l'heure pour puiser les eaux, voie rincer, remplir, boucher, goudronner et cacheter les bouteilles, puisse les certifier et en tenir registre, conformément aux articles VIII, IX et X dudit Arrêt du Conseil d'État du Roi, du 5 mai 1781.

« *Art. VII.* — Défenses sont faites à quelques personnes que ce soient, de se laver et baigner dans les bassins des Fontaines, sous telle peine qu'il appartiendra.

« *Art. VIII.* — Toutes personnes qui auront besoin de bains locaux, seront tenues de se servir de vases appropriés, lesquels ne pourront être plongés dans les Fontaines, mais seront remplis avec d'autres vases propres.

« *Art. IX.* — Il est enjoint aux préposés de tenir le dégorgeoir des Fontaines en bon état, et de laver et balayer le pavé de l'enceinte des Fontaines et les escaliers qui y conduisent, une fois chaque semaine, et plus souvent s'il est nécessaire.

« Mandons à notre subdélégué sur les lieux, de tenir la main à l'exécution du présent règlement, lequel sera imprimé et affiché partout où besoin sera.

« Fait à Lyon, le 24 mars 1786.

« *Signé :* TERRAY.

« Par Monseigneur

« OLIVIER.

« A Lyon, de l'Imprimerie du Roi, 1786. »

SAINT-ALBAN AU XIXe SIÈCLE. — Tous les auteurs qui ont écrit sur les eaux de Saint-Alban, pendant les premières années du XIXe siècle, indiquent une amélioration sensible dans les conditions de séjour et dans l'aménagement des sources et des établissements annexes.

« Depuis quelques années ces eaux, très peu connues d'abord, ont acquis une très grande célébrité : on y accourt de Lyon, de Paris, etc. Le village s'est ressenti de cette affluence de buveurs, les logements se sont multipliés (1) ; des traiteurs, des *caffetiers* ne vous laissent rien à désirer (2) ; les marchés, aux deux époques pendant lesquelles on boit les eaux, sont garnis de volailles, d'*hortolages* et de légumes, les vins du Roannais y abondent. Les plaisirs viennent dissiper l'ennui qu'inspirerait l'aspect sauvage des lieux ; il serait à désirer que la funeste passion du jeu n'y exerçât pas ses ravages... » (Antoine Granjon (3), *Mss de la Diana.)*

Le docteur Cartier, médecin-inspecteur des sources de Saint-Alban, écrivait en 1816 : « Le défaut de logements, leur peu de

(1) « Ces eaux sont très fréquentées depuis longtemps et l'on y trouve des logements assez commodes. » (H. de la Tour d'Aurec. 1807.)

(2) « On trouve à Saint-Alban des logements commodes et une nourriture saine et agréable. » *(Annuaire statistique pour le département de la Loire, 1809.)*

(3) Voyez Cl. Roux, *Notice bio-bibliographique sur Antoine Granjon,* Lyon, Rey, 1906.

commodité faisait craindre d'y appeler des gens aisés qui auraient été en droit de se plaindre.

« Ces raisons ne subsistent plus ; des maisons plus commodes ont remplacé les chambres malsaines et les espèces de cabanes dont étaient obligés de s'accommoder ceux que la nécessité amenait à ces sources. » Aussi Duplessis pouvait-il constater, en 1818, que « les eaux de Saint-Alban sont maintenant très fréquentées ; elles acquièrent, d'année en année, plus de réputation... » (1).

Dans une brochure publiée à Lyon, en 1816, sous le titre *Notice et Analyse des eaux de Saint-Alban*, le docteur Cartier donne une description détaillée des fontaines ; il est intéressant de la comparer aux descriptions antérieures publiées par Jean Banc (1605), Piganiol de la Force (1718), M. Richard de la Prade (1774-1778) et par Alléon-Dulac (1786).

« Les fontaines occupent le fond d'un vallon étroit qui s'étend de l'ouest à l'est. Il est arrosé par un petit ruisseau qui coule vers le matin, et borne au midi une esplanade qui s'étend jusqu'aux fontaines et sert de promenade aux buveurs.

« Les sources sont au nombre de *trois ;* elles sont renfermées dans une petite enceinte carrée, non couverte, parce qu'on a remarqué que l'action du soleil, qui dégage avec abondance le gaz qu'elles contiennent, contribue à les faire passer infiniment mieux.

« Cette enceinte a deux portes : l'une au midi, pour l'usage des buveurs ; l'autre au matin, destinée à l'enlèvement des eaux pour les bains.

« Chaque source est encastrée dans un bassin de granite ; la

(1) Nous devons cependant enregistrer un témoignage discordant, celui de J.-J. Baude, d'après lequel « pendant l'été de 1815, un proscrit pouvait y trouver la solitude et le secret. Le petit nombre de chaumières éparses autour de la source n'avait point d'hôtes étrangers, et leur existence était comme ignorée dans le voisinage. » Ce proscrit n'était autre que le maréchal Ney, qui occupa une chambre au Grand Hôtel, construit depuis peu d'années. Consulter, sur le séjour du maréchal à Saint-Alban : J.-J. Baude, *Mercure Ségusien*, 16 juillet 1835 ; Th. Ogier, *la France par Cantons et par Communes*. Département de la Loire, arrondissement de Roanne, t. III, p. 697-98, 1856 ; A. Jal, *Souvenirs d'un homme de Lettres, 1795-1873*, Paris, 1877, p. 375-403 ; Abel Chorgnon, *Roanne pendant l'invasion* (1814-1815), Roanne, 1905, p. 175-180.

cour est carrelée de la même substance, dans laquelle on a ménagé une rigole pour l'écoulement des fontaines.

« Toutes ces sources coulent avec abondance et laissent échapper une grande quantité de gaz acide carbonique ; leurs parvis sont couverts d'une égale quantité d'oxyde de fer.

« La source qui est située plus à l'ouest et dont le bassin est rond, laisse dégager un plus grand nombre de grosses bulles et a un goût beaucoup plus piquant. Sa position la mettant, d'ailleurs, plus tôt et plus longtemps en contact avec les rayons du soleil, la fait préférer pour la boisson.

« Cette source est en face de la porte du midi ; les deux autres sont entre cette porte et celle du matin. Celle qui est plus au nord porte le nom de fontaine des Galeux, et sert pour les lotions journalières ; l'autre, plus méridionale, est un puits carré de 3 pieds de côté et de 15 à 20 pieds de profondeur ; cette source, dans laquelle l'eau minérale est un peu affaiblie par des sources étrangères, fournit abondamment aux bains d'eau minérale. »

En 1825, le nombre des buveurs s'éleva jusqu'à 1.500 environ : c'est l'apogée de notre station hydrominérale ; pendant les dix années suivantes, ce nombre se maintint entre 700 et 1.000.

En 1834, le médecin-inspecteur Goin publia une importante monographie des sources et la soumit à la Société de Médecine de Lyon, dont il fut élu membre correspondant (1). Cette Société nomma une Commission, à l'effet d'étudier sur les lieux les eaux de Saint-Alban. Dans la séance du 15 avril 1835, le rapporteur s'exprimait ainsi, pour rendre compte de sa mis-

(1) Compte rendu des travaux de la Société de médecine depuis le 1ᵉʳ janvier 1833 jusqu'au 1ᵉʳ juillet 1836, par L.-A. Rougier. Lyon. Perrin, 1838 : br. in-8. p. 215 : Eaux minérales de Saint-Alban, Notice par M. Goin, rapport par M. Chapeau, « Je ne dois pas oublier non plus de vous mentionner le rapport que vous a présenté M. Chapeau, au sujet d'une notice sur les eaux minérales salines, ferrugineuses et gazeuses naturelles de Saint-Alban, que vous a adressé M. Goin, médecin inspecteur de ces eaux. Ce rapport, d'après les conclusions duquel vous avez admis M. Goin au nombre de vos correspondants, sera suivi, plus tard, d'un travail détaillé avec l'analyse chimique de ces eaux, par une Commission qui s'est transportée sur les lieux pour procéder à cette opération. »

sion : « Il existe, à moins d'une journée de Lyon et de Saint-Etienne, des sources d'eau minérale qui sont certainement appelées, à juste titre, au degré de réputation dont jouissent les eaux de Vichy et du Mont-d'Or. Ces sources, qui seront probablement un jour le *Spa* de la France, sont celles de Saint-Alban, près Roanne, département de la Loire : depuis plusieurs années, elles sont visitées par un grand nombre de malades qui se louent beaucoup des heureux effets qu'ils ont obtenus (Sabatin, 1839). » Ces brillantes prévisions ne se sont point réalisées ; malgré les efforts des inspecteurs et des concessionnaires, les fontaines furent de moins en moins fréquentées.

Le tableau suivant résume les documents statistiques que nous avons pu rassembler ; les principales sources consultées sont :

a) Les Rapports annuels au Ministre de l'Agriculture, du Commerce et des Travaux publics sur le Service des eaux minérales de la France, insérés, depuis 1838, dans le *Bulletin* ou dans les *Mémoires de l'Académie de Médecine ;*

b) Les *Statistiques détaillées des sources minérales exploitées en France et en Algérie,* publiées par le service des Mines, en 1844, 1882, 1892, 1899 ;

c) Les *Statistiques du département de la Loire,* par H. du Lac de la Tour d'Aurec (1807) et par Duplessis (1818) ;

d) Les Annuaires du même département, notamment pour les années 1809, 1843, etc. ;

e) Les *Eaux de Saint-Alban,* par J.-J. Baude (1835) ;

f) L'*Annuaire des eaux minérales de Longchamp* (1830) ; le *Manuel des eaux minérales,* de Patissier et Boutron-Charlard (1837), etc.

Dans les rapports qu'il adressait, en 1852 et en 1853, à l'Académie de Médecine, le docteur Gay, inspecteur des sources, attribuait la décroissance du nombre des buveurs à une triple cause :

1° Elévation de la rétribution exigée pour l'usage des eaux.

Statistique des Sources de Saint-Alban.

ANNÉES	NOMBRE DES MALADES			PRODUIT DES EAUX	Numéraire laissé dans le pays
	Payants	Gratuits	Total		
1820	»	»	200	800	»
1825	»	»	1.481	»	»
1827	»	»	·700	1.200	30.000
1831	»	»	725	»	»
1832	»	»	848	»	»
1833	»	»	797	»	»
1834 [1]	»	»	927	»	»
1840-1845 (moyenne)	»	»	500	4.000	»
1847	»	»	555	»	»
1848	»	»	700	»	»
1850	»	»	721	»	»
1851	»	»	628	»	»
1852	503	75	578	19.250	50.000
1853	610	63	673	18.400	42.000
1854	491	»	»	»	50.000
1855	474	21	495	16.000	50.000
1856	514	32	546	16.000	48.000
1857	504	65	569	21.000	40.000
1858	567	42	609	22.000	48.000
1859	602	45	645	22.000	42.000
1860	440	23	463	40.000	32.000
1861	500	70	570	28.000	42.000
1862	430	35	465	32.000	28.000
1863	462	55	517	28.000	42.000
1864	523	38	561	36.000	30.000
1865	556	68	624	36.000	42.000
1866	587	43	630	36.000	48.000
1867	662	48	710	36.000	45.000
1877	465	46	511	»	»
1878	575	150	725	»	»
1881	1.184	39	1.223	25.000	»
1898	»	»	621	»	»

(1) Vers 1830-1835, sur 100 buveurs, 60 appartenaient au département de la Loire, 20 au Rhône, 9 à la Saône-et-Loire, 7 à l'Allier, 4 au reste de la France (cité par J.-J. Baude, *les Eaux de Saint-Alban).*

« La rétribution due par chaque buveur était de 1 fr. 50 avant 1830, elle est fixée depuis à 12 francs. Le propriétaire actuel, qui était alors médecin-inspecteur, obtint l'autorisation de cette augmentation par l'engagement qu'il prit de comprendre dans cette somme les soins donnés aux malades et de ne rien exiger de plus pour toutes ses consultations (règlement du 10 mai 1830). A dater de l'exécution de ce règlement, le nombre des buveurs a toujours été en diminuant. » ; 2° Perte de la meilleure source, la Fontaine Ronde, dont les propriétés ont été fâcheusement modifiées, depuis quinze ans, par des infiltrations d'eau douce, « à la suite de travaux inintelligents » ; 3° Une grande partie du gaz carbonique étant retenue par des entonnoirs immergés dans les sources, même pendant qu'elles sont ouvertes aux buveurs, beaucoup de ces derniers sont persuadés que ce mode de captage du gaz libre nuit à la qualité des eaux (1).

En 1858-1859, d'importants travaux de réfection furent entrepris sous la direction de M. Virolet, ingénieur civil (2) ; nous avons déjà signalé les anciens captages et les monnaies romaines découverts à cette occasion. Le docteur Gay a publié, en 1859, une notice devenue très rare, dans laquelle il fournit

---

(1) Vers 1840-1850, les sources étaient désignées sous les noms de *source Principale, source de la Pompe, source du Mur*. On attribuait toujours à l'eau des trois fontaines des propriétés différentes. L'eau de la source Principale était employée en boissons et en bains. La source de la Pompe, distante de 1 mètre de la source Principale, occupait la partie nord du pavillon des fontaines ; une pompe à roue montait l'eau de cette source dans des canalisations qui la distribuaient à l'établissement de bains. La source du Mur sourdait au sud-ouest contre le mur du pavillon : cette fontaine, mal captée, fournissait une eau trouble, renfermant des sulfates.

L'une des fontaines était contenue dans un puits circulaire de 0 m. 80 de diamètre, et les deux autres, dans des puits carrés de 1 m. 10 de côté.

(2) L'ingénieur en chef des mines, J. François, mentionne ces travaux dans son tableau chronologique des travaux d'amélioration des eaux minérales françaises. (Notes pour servir à l'histoire des travaux d'amélioration des eaux minérales françaises, *Annales des Mines*, 6ᵉ série, t. IV, p. 479-503, 1863.) On lit à la page 496 de ce mémoire : « Saint-Alban, captage des sources à la roche ; 1858, Viroley, ingénieur civil. »

d'intéressants détails sur la nature de ces travaux et sur les trouvailles archéologiques qui les ont accompagnés.

« A peine à 2 mètres de profondeur, s'offrit aux regards surpris des ouvriers l'orifice d'un puits carré, placé à quelques pas des autres sources, et dont pas un des plus anciens habitants du pays ne soupçonnait l'existence. L'ouverture de ce puits étant placée plus bas que celle des autres, on y arrivait par quatre escaliers en granite.

« Le puits est établi tout entier en massif de béton d'une dureté excessive, et couronné par des madriers de chêne parfaitement conservés par les sels de fer que contient l'eau minérale.

« Après avoir enlevé les pierres dont il était comblé, on a trouvé au fond de ce puits 250 médailles en cuivre, en bronze et en argent, médailles portant les effigies d'une suite d'empereurs romains et du Bas-Empire...

« En poursuivant les fouilles, on est arrivé sur une couche de béton d'un mètre au moins d'épaisseur, béton formé d'une pâte de débris de tuiles et de briques noyés dans un mortier que l'acier a peine à entamer et qui reliait tous les puits entre eux.

« Cette couche a été enlevée en ménageant l'entourage des puits et on s'est trouvé sur une masse d'argile grise, excessivement plastique, évidemment apportée de loin et déposée dans l'excavation pour s'opposer aux fuites du gaz et de l'eau minérale.

« Dans cette argile on a découvert trois tuyaux de plomb, traversant le béton qui entoure les puits à peu près à leur tiers inférieur, appuyés dans leur trajet sur d'immenses briques romaines et venant se réunir et déverser l'eau minérale dans une très grande cuvette en plomb. De celle-ci part un énorme tube du même métal conduisant évidemment les eaux dans la piscine découverte autrefois près de l'établissement de bains, à 50 mètres des fontaines.

« Ainsi connaît-on aujourd'hui la destination et le mode d'approvisionnement de ce réservoir, enfoui maintenant à 3 mètres de profondeur, et qui n'a jamais entièrement été mis au jour ; sa construction est absolument identique à celle des puits, mais beaucoup mieux soignée, le béton qui la forme avait presque l'apparence du marbre (1). Un couloir en maçonnerie, ménagé de telle sorte qu'un homme pouvait y passer en rampant, et partant des fontaines jusqu'à la piscine, donnait le moyen de surveiller les conduites d'eau qui s'y rendaient.

« Tous ces tuyaux et d'autres en terre cuite enfouis dans la glaise, et dont on ignore la destination, avaient subi l'action dévorante du temps, et par de nombreuses fissures avaient, depuis des siècles, laissé échapper l'eau minérale. Aussi, sur leurs parois et dans leur voisinage, on a trouvé des dépôts considérables de sels calcaires, magnésiens et ferrugineux, présentant les formes les plus bizarres. Ces dépôts sont en général amorphes, mais quelques-uns offrent çà et là une cristallisation assez régulière. Les carbonates de fer sont d'une coloration magnifique. » (2)

L'excavation a été fermée par une voûte à grande portée, qui réunit les puits entre eux et recueille le gaz qui s'échappe à travers les fissures du rocher d'où jaillissent les sources. Le sommet de la voûte forme le plancher de la fosse circulaire au fond de laquelle émergent les puits.

Une heureuse modification fut encore apportée à l'aménagement des sources, en 1866-1867 (lettre du D' Gay, du 15 mai 1867). Les fontaines avaient été enfermées dans des margelles plus hautes que l'ancien affleurement des puits romains. « On avait espéré que le niveau des sources s'élèverait et dépasserait les margelles. On n'avait réussi qu'à comprimer, par une colonne d'un mètre en plus, le gaz qui, ne s'échappant alors qu'avec peine, ne donnait plus à l'eau cette sapidité agréable qui la caractérisait auparavant. » Les margelles furent abais-

---

(1) D'après Péladan, la citerne était « recouverte de ce ciment rouge, plein de briques pilées, qui acquiert la dureté d'un roc et peut être poli comme un porphyre » *(Guide aux Eaux de Saint-Alban*, p. 8). Suivant les auteurs de plusieurs notices sur Saint-Alban, on aurait constaté l'existence de *deux* piscines : aucun document ne justifie cette affirmation. Les témoins oculaires, Goin, en 1834, et Gay, en 1858-1859, n'indiquent qu'une seule piscine.

(2) Les eaux abandonnent encore à l'époque actuelle un dépôt boueux, ocracé, qui se rassemble en certains points du fond *très inégal* des puits ; ce fond est constitué par une roche porphyrique très fissurée, à joints tapissés d'oxyde de fer.

sées et l'on ramena les sources à leur ancien niveau. Depuis cette époque, aucun travail important n'a été entrepris sur les fontaines.

L'exploitation des eaux de Saint-Alban a été autorisée par un arrêté ministériel du 15 novembre 1878.

L'établissement hydrominéral comprend aujourd'hui (1906) les constructions et installations suivantes ·

a) La buvette, située au-dessus des griffons des sources, et déjà décrite (v. captage et aménagement des fontaines) ;

b) L'atelier d'embouteillage de l'eau minérale et la fabrique de limonade et d'eau gazeuse. La fabrication de la limonade a été introduite à Saint-Alban avant 1834, par le Dr Goin.

En 1830-1840, on exportait, pendant la saison d'été, 1.200 à 1.500 et même 2.000 bouteilles d'eau par jour. Le tableau ci-joint fait connaître l'importance de l'exportation des produits de Saint-Alban pendant douze années :

1863. . .	400.000	bouteilles	1869. . .	1.400.000	bouteilles
1864. . .	600.000	·	1871. . .	1.600.000	—
1865. . .	800.000	---	1872. . .	1.800.000	—
1866. . .	900.000	—	1873. . .	1.800.000	—
1867. . .	900.000	---	1875. . .	2.200.000	—
1868. . .	1.200.000	—·	1877. . .	2.465.000	—

Vers 1870-1871, la limonade représentait le tiers du débit total (1). En 1898, on a exporté 1.023.094 bouteilles d'eau minérale ; 12.000 bouteilles ont été consommées sur place. La production de la limonade a atteint le chiffre de 1.202.371 bouteilles.

c) L'établissement de bains, renfermant 23 baignoires réparties entre 17 cabinets ; une triple canalisation fournit l'eau minérale et l'eau douce (froide ou chaude) ;

d) L'établissement hydrothérapique, créé en 1865-1866, comprenant deux salles et plusieurs cabinets. Chacune des salles est pourvue d'une piscine et d'appareils à douches variés. L'eau qui alimente ces appareils vient de plusieurs sources et du ruisseau ; dérivée par un barrage installé dans la vallée du

(1) Vers 1875, la consommation des eaux de Saint-Alban était presque exclusivement concentrée dans cinq départements : Rhône, Loire, Allier, Saône-et-Loire, Nièvre. Lyon consommait environ 800.000 bouteilles.

Désert, elle se rend dans un réservoir souterrain creusé dans le flanc nord de la colline de Chazelles. De ce réservoir, l'eau arrive à l'établissement avec une pression d'environ deux atmosphères et une température voisine de + 14 degrés ;

e) Une salle d'inhalation de gaz carbonique, une salle de pulvérisation d'eau minérale ou de tout autre liquide, etc. (la bibliographie renferme l'indication des principaux travaux relatifs aux usages médicaux du gaz carbonique).

f) Plusieurs annexes : hôtels, casino, vaste rural, etc.

On a proposé, à diverses époques, d'utiliser pour certains usages industriels, l'eau minérale où le gaz carbonique qui s'en échappe. En 1830-1833, on forma le projet d'extraire la magnésie contenue dans les eaux minérales. « M. Barruel pense qu'il serait possible et très lucratif d'exploiter la magnésie qu'elles contiennent, et M. Buisson, de Lyon, pour justifier cette opinion, s'occupe, dans ce moment, de rechercher le meilleur mode d'exploitation : or, il est à croire qu'avant peu, cet habile chimiste dotera Saint-Alban d'une industrie qui offrira d'autant plus d'intérêt que tout le monde sait que la magnésie employée en France se tire d'Angleterre. » (Goin, *Mémoire*, etc., p. 14 et 15.) Plus tard, en 1860-1863, on tenta d'utiliser le gaz carbonique pour la fabrication de la céruse ; mais les essais furent bientôt abandonnés.

ADDITIONS

Nous ferons connaître, dans ce paragraphe, plusieurs documents qui nous sont parvenus depuis la rédaction de la première partie de notre travail.

A. *Propriétés physiques des eaux de Saint-Alban.* — Nous avons indiqué le point de congélation et la conductivité de l'eau de Saint-Alban, d'après le Dr Viallier-Raynard (1904) ; ces mêmes constantes ont été déterminées par MM. Chanoz et Doyon (1903) et par M. Francina (1906) ; ce dernier s'est occupé, en outre, de la mesure des constantes magnétiques des eaux minérales. Voici quels sont les résultats obtenus par ces observateurs :

Point de congélation : — 0°14 (Chanoz et Doyon).

Conductivité : 0 mho 00237 à + 18 degrés (Ch. et D.) ; 0 mho 00225 à + 15 degrés (Francina) ; la *résistivité* est donc égale à 444 ohms 15 à + 15 degrés.

Coefficient d'aimantation : — 0,779 × 10^{-6} (Francina).

Chanoz et Doyon. Point de congélation, conductibilité électrique et action hémolytique de quelques eaux minérales, *Journ. de physiologie et de pathologie générale*, mai 1903 ; A. Francina, *Contribution à l'étude physique des eaux minérales*, br. in-8, 104 p., Paris, Maloine, 1906, p. 43).

B. *Composition chimique des eaux*. — M. P. Carles vient de publier récemment un travail sur le dosage du *fluor* dans les eaux minérales ; d'après ce chimiste, les eaux de Saint-Alban renferment, par litre, 0 gr. 005 de fluorures, calculés en fluorure de sodium cristallisé *(C. R. de l'Acad. des Sciences*, t. CXLIV, p. 37 ; séance du 7 janvier 1907).

C. *Numismatique de Saint-Alban*. — Il est impossible de dresser un inventaire même approximatif des découvertes numismatiques faites à Saint-Alban ; la plupart des trouvailles sont aujourd'hui perdues et celles dont on a conservé le souvenir (1834, 1858-1859) n'ont été l'objet d'aucune description précise. M. Ph. Testenoire-Lafayette a soumis à une révision critique la liste des monnaies recueillies par E. Goin en 1834 *(Numismatique Forézienne* dans le *Forez pittoresque* de Thiollier, p. 420, 1re col. et note au bas de la page ; p. 421, 2ecol.). Voici quelles sont les attributions probables : Auguste ? Agrippine, Adrien, Antonin-le-Pieux ? Marc-Aurèle ? Lucille, Commode, Crispine, Claude (probablement Cl. le Gothique ?), Victorin, Tétricus, Constance et Décence.

Ad. Péladan fournit quelques détails sur les découvertes de 1858-1859 : « Une partie de ces monnaies est conservée par M. Capelet (1), comme formant le premier titre historique de Saint-Alban. Nous y avons remarqué les effigies de plusieurs Césars, d'Adrien, de Nerva, etc. ; mais le type qui abonde, celui du plus grand nombre des monnaies et médailles, c'est

(1) M. Capelet possédait aussi « une boîte en plomb rectangulaire et allongée, dont les bords sont unis et sans aucune trace de couvercle. Elle a été trouvée dans un conduit romain ». (Ad. Péladan, *loc. cit.*, p. 8.)

la belle tête de la divine Faustine : *Diva Faustina*, comme dit
la légende. Cette abondance du type de Faustine prouve que
c'est sous les Antonins que les romains s'attachèrent le plus
aux eaux de Saint-Alban. » *(Guide*, etc., *de Saint-Alban*, p. 7
et 8.)

M. Capelet fit don d'un certain nombre de pièces au Musée
de Moulins ; on lit, en effet, dans le *Bull. de la Soc. d'Emu-
lation de l'Allier*, t. IX, p. 383 (séance du 1ᵉʳ décembre 1865) :
« M. Capelet offre vingt-six monnaies romaines trouvées à
l'établissement thermal de Saint-Alban. » On n'a conservé aucune liste de ces monnaies ; elles sont aujourd'hui dispersées,
sans indication de provenance, dans la collection générale.

Nous avons examiné une série de douze monnaies de bronze
recueillies dans les puits le 26 mars 1896 et déjà déterminées
par M. Testenoire-Lafayette. Voici la description de ces pièces :

N° 1. Deux moyens bronzes de Vespasien, l'un en métal
rouge (la tête à droite), l'autre en métal jaune (tête tournée à
gauche). Au revers, l'espérance, femme debout tenant une
corne d'abondance.

N° 2. Moyen bronze de Vespasien ou de Titus ?, métal rouge,
tête à droite. Au revers, l'espérance.

N° 3. Moyen bronze de Nerva, métal rouge fortement corrodé.

N° 4. Moyen bronze de Trajan ; sa tête à droite ; au revers,
Providentia Augusti, SPQR. Métal jaune.

N° 5. Moyen bronze d'Adrien, sa tête à gauche ; métal rouge
fortement corrodé.

N° 6. Moyen bronze d'Antonin le Pieux. Tête à droite ; au
revers, fortune debout, regardant à gauche ; métal rouge.

N° 7. Grand bronze de Faustine mère ; sa tête à droite, *DIVA
FAUSTINA*. Au revers, *IVNO*, femme debout à gauche, tenant
une couronne. Métal jaune.

N° 8. Moyen bronze de Marc-Aurèle, César. Sa tête à droite,
AURELIUS CAE. SAR. AUG... ; au revers, femme debout à
gauche sacrifiant. *PMTR POT VIII (VIIII ?) COS III*. Métal
rouge.

N° 9. Moyen bronze de Faustine jeune, sa tête tournée à

droite ; au revers, femme debout à droite, *Fecunditas*. Métal jaune.

N° 10. Moyen bronze de Lucius Verus, tête à droite ; au revers, deux femmes se donnant la main, *Concord. Augustor TRP*.

N° 11. Petit bronze de Gallien, sa tête à droite, *GALLENIUS AUG*. Au revers, *VIRTUS AUG*.

D. Nous devons ajouter à la liste des auteurs qui se sont occupés des eaux de Saint-Alban au XVI° siècle, Pierre Gontier, né à Roanne, médecin de l'hôpital de cette ville, conseiller et médecin du roi. Dans un traité relatif à l'hygiène (1) publié à Lyon, en 1668, il consacre une page aux eaux de Saint-Alban.

Après avoir indiqué la situation de *Montousse* ou Saint-Alban et la topographie des fontaines, il décrit les caractères organoleptiques de l'eau minérale qu'il est préférable de boire à la source même ; on la transporte cependant jusqu'à Lyon et à Villefranche en Beaujolais. P. Gontier fait connaître, ensuite, la composition de ces eaux : elles renferment du fer, de la chaux prédominante et un peu de nitre ; il les compare aux eaux de Pougues et à celles de Forges, puis il précise les conditions dans lesquelles on doit les prendre et décrit leurs propriétés au point de vue médical.

Nous publions le texte, peu connu, de cet auteur.

« Aquæ S. Albani, *de Saint-Alban*, Rodumnâ duabus distant leucis, in pago vulgò *de Montousse et de S. Alban*, qui ditionis est Marchionis de *S. André*, cujus Castellum, Palatium propè mentitur ,et ab Polemarcho (Marescallum Franciæ, Galli vocitant) *d'Albon*, aliàs Sant-Andrea sub Henrico II Rege Galliarum Christianissimo constructum (2).

Sitæ sunt ad montis radicem in loco humili, pluribus scatu-

---

(1) *Exercitationes hygiasticæ*, etc... (voir à la bibliographie) ; nous avons consulté un exemplaire appartenant à la bibliothèque de la ville de Roanne.

(2) Voyez Anne d'Urfé, Description du païs de Forez, 1606 (A. Bernard, *les d'Urfé, Souvenirs historiques et littéraires du Forez au* XVI° *et au* XVII° *siècle*, Paris, 1839 ; p. 421 à 469 ; *Château de Saint-André-d'Apchon*, p. 454).

riginibus salientes. Frigidæ sunt et acidiusculæ, vinosas rec-
tius appellaveris, adeò ut jucundus illatum sapor ad potum
invitet et sollicitet, palato quippe maximè blandiuntur ; aci-
diores vulgò *plus fortes* percipiuntur, si ex ipso fonte recèns
haustæ statim bibantur : adsportantur tamen Lugdunum quod
14 leucis distat, et Francopolim Bellijocensium usque. In his
ferrum quidem admiscetur, verùm calchantum præpollet, et
præterea nitri quid admittunt, atque affinitatem ferè habent
cum Pugensibus, nisi quòd sint tenuiores nec ita acidæ, imò
ad Forgenses accedunt, sed sunt validiores. Ut faciliùs per
alvum secedant, sæpius leve quoddam catharticum præmittere
solemus, neque etiam, si infarctus sint contumaces aut invete-
rati, facilè per urinas excernuntur adèo ut nonnisi bellè repur-
gato corpore assumi debeant : tunc enim viscera nutritia si æs-
tuent, contemperant ; eadem si infirma sint, corroborant ; diar-
rhæas biliosas sanant ; quare tertianis omnibus et quartanis,
maximè si à cadaverosa lienis diathesi natæ sint, feliciter me-
dentur, omnes ductus urinarum secretioni et excretioni dicatos
everrunt, dum arenulas deturbant, renum calidæ intemperiei
succurrunt, abcessus Mesenterii detergent, vomitui occurunt,
appetentiam excitant, sitim levant, Melancholiæ, quæ Dioclis
dispositio est inflammatoria, Græcis φλόγωσίς , mitè conferunt,
denique ad alia omnia quæ Forgenses, utiles putandæ. Sunt
quos non bellè repurgant, quia debiliores, tentant caput quan-
doque, sed tamen sympathico capitis dolori conducunt, dum
causam emendant, et tollunt, levem quamdam videntur indu-
cere ad somnum propensionem, sed quæ facilè discutiatur.

« Ad 20 et 30 Scyathos (1) potantur, imò plures interdum, et
pro singulorum viribus.

« Unum de illis monendum, scilicet quòd facilè alterentur à
diuturnis non modò pluviis, sed etiam si minùs frequentes
sint, quia in valle positæ, unde imbecilliores redditæ in hypo-
chondriis morantur et stagnant. Si advehuntur, et fortè horis

---

(1) Le *Cyathe* (cyathus), était une mesure de capacité en usage chez
les Grecs et les Romains, représentant 0 litre 0456, soit huit cuil-
lerées ; on s'en servait beaucoup pour doser les médicaments. (Ch. Da-
remberg et Saglio, *Dict. des Antiquités grecques et romaines*, t. I,
2ᵉ part., p. 1677, Paris, Hachette, 1887.)

matutinis, aër frigidiusculus sit, vinum album, tantisper incalescere jubemus, et singulis, alternis interdum haustibus cochleare unum admisceri, quò frigiditas aquæ infringatur, huicque deducendæ vehiculum sit, ventriculùsque corroboretur, sicque vel ipsâ experientiâ teste, longè magis prosunt. »

E. Nous nous étions proposé de compléter l'historique sommaire des fontaines en donnant une liste de leurs propriétaires successifs et des intendants et médecins inspecteurs chargés de leur surveillance. Malgré de nombreuses recherches, nos listes sont demeurées très incomplètes et très incertaines pour les années antérieures au xixᵉ siècle. Nous publierons cependant les *résultats provisoires* que nous avons obtenus.

a) Les sources de Saint-Alban auraient appartenu à l'ordre de Malte ; ce fait est cité sans référence dans l'*Ann. de la Loire* pour 1845 et par Gruner *(loc. cit.*, p. 727) ; nos recherches sur ce point ne nous permettent pas encore de confirmer ou d'infirmer cette assertion.

b) Elles auraient été, plus tard, la propriété des seigneurs de Saint-André. Les plus anciens possesseurs connus de cette seigneurie appartenaient à la famille de Lespinasse (xivᵉ siècle) ; elle passa ensuite successivement aux familles d'Albon (xvᵉ-xviᵉ siècles), d'Apchon-Saint-André (xviiᵉ siècle), de Saint-Georges et, enfin, de Vichy (xviiiᵉ siècle).

D'après l'auteur d'une brochure publiée en 1877 (Station hydrominérale de Saint-Alban), les fontaines étaient possédées, à l'époque de la Renaissance, par « la famille d'Albon-Saint-André, ou des d'Apchon-Saint-André. On en a la preuve dans un bail qui date du xvᵉ siècle, par lequel ces eaux étaient affermées par le seigneur de Saint-André à un ancêtre de la famille Moncigny. » Il est fort regrettable que le texte de ce bail n'ait pas été publié. Vers la fin du xviiiᵉ siècle, les de Vichy-Saint-Georges étaient propriétaires des sources *(Ann. de la Loire* pour 1845).

c) « En 1789, les eaux furent vendues en plusieurs lots ; parmi les acquéreurs, l'un se trouva de posséder la source, l'autre les bains, malheureuse combinaison fort nuisible à l'exploitation. » (Brochure anonyme de 1877). Quoi qu'il en soit des conditions de cette vente, la réunion entre les mêmes

mains de la propriété des sources et de celle de l'établissement de bains ne fut réalisée qu'en 1864.

d) Au commencement du xix° siècle, les fontaines, l'atelier
d'embouteillage, les promenades et plusieurs annexes (Grand-
Hôtel, chapelle, vignes, etc.) appartenaient à Pierre Jailly, de
Saint-André d'Apchon.

e) Elles passèrent ensuite à Pierre Jailly de Saint-Alban,
neveu et légataire du précédent.

. *f)* En 1832, P. Jailly neveu les céda à E. Rouiller-Novel (1832-
1837).

g) Les fontaines furent achetées en 1837 par E. Goin, F. Roux
et L. Miraud ; mais, en 1843, le docteur Emiland Goin ayant
remboursé les parts de ses coacquéreurs, devint seul propriétaire.

h) En 1859, le docteur Goin vendit les sources à MM. de
Bourbon (Charles-Ferdinand de Bourbon, comte de Busset ;
Gaspard-Louis-Joseph de Bourbon, comte de Châlus ; Charles-
Louis-Marie de Bourbon, vicomte de Busset) qui formèrent
entre eux une Société pour l'exploitation des eaux (Société
civile des eaux thermales de Saint-Alban).

i) Les fontaines et tous les établissements qui s'y rattachent
sont aujourd'hui la propriété de la *Société des eaux minérales
de Saint-Alban,* Société en commandite par actions, fondée par
MM. G. Chambarlhac, gérant responsable ; C-L-M. vicomte de
Bourbon-Busset, agissant au nom de la Société civile des eaux
thermales de Saint-Alban, et J.-P.-A. Saignol. Cette Société a
été constituée le 1ᵉʳ janvier 1891 pour une durée de vingt années ; le fonds social est de 800.000 francs, divisés en 1.600 actions de 500 francs.

La plupart de ces propriétaires affermaient les sources ; la
Société actuelle les exploite directement. Parmi les fermiers
ou concessionnaires, nous citerons : le Dʳ E. Goin (1830-1837) (1),

----

(1) P. Jailly afferma au Dʳ Goin l'établissement, les fontaines,
les promenades, la chapelle (bail de soixante-dix ans, à partir du
1ᵉʳ janvier 1830 pour finir au 1ᵉʳ janvier 1900). Ce bail fut continué sous
Rouiller, mais il devint sans objet en 1837, lorsque le Dʳ Goin acheta
les sources.

Bonnaud et Cie, Tachon fils, J. Capelet, MM. Albertin et Puy, MM. Puy et Cie.

Intendants et médecins inspecteurs. — *a)* Pierre Allier, médecin, était intendant des eaux de Saint-Alban, en 1746 (nous devons la connaissance de ce nom à M. Reure).

b) Antoine Rostain, médecin à Roanne, nommé en 1752 intendant des eaux de Saint-Alban et de Sail-les-Château-Morand (Alléon-Dulac, Mss f. 80) ; il occupait encore ce poste en 1787.

c) En 1816, le médecin inspecteur était le docteur P. Cartier.

d) Bouquel (1830).

e) Le Dr Emiland Goin (1830-1840).

f) Pierre-Frédéric Nepple (1841-1843), né le 25 septembre 1788 à Montluel (Ain), mort à Ecully, le 23 avril 1847. (Eloge historique, par Candy, *Journ. de méd. de Lyon*, 2e s., t. III, p. 132-147 ; 1848.)

g) Le Dr Gay (1843-1877), ancien interne des hôpitaux de Lyon, secrétaire du chirurgien Gensoul, nommé inspecteur par arrrêté ministériel du 13 octobre 1843.

h) Le Dr Servajan (1878-1887).

Le poste de médecin inspecteur des eaux de Saint-Alban a été supprimé en 1887, en même temps que les postes semblables de Sail-les-Bains, de Sail-sous-Couzan et de Saint-Galmier.

Sources minérales des environs de Saint-Alban.

On a signalé l'existence, à proximité des fontaines de Saint-Alban, de plusieurs autres sources d'eaux minérales (ou réputées minérales) ; nous les décrirons brièvement.

Alléon-Dulac mentionne en termes peu précis la présence de semblables sources dans la paroisse de Saint-André-d'Apchon. « On trouve quelques petites sources d'eaux minérales dans la paroisse de Saint-André, à deux lieues de Roanne. Leur origine est vraisemblablement la même que celle des eaux de Saint-Alban. » (Mss, f. 79.)

Source des Salles. — Suivant une tradition orale, une fontaine analogue à celles de Saint-Alban (1), jaillissait autrefois près du hameau des Salles (commune de Saint-André-d'Apchon), dans les prairies qui s'étendent à l'ouest de l'ancien chemin de Saint-Alban à Saint-André. Cette fontaine aurait été comblée, soit naturellement, par défaut d'entretien, soit par l'ordre d'un seigneur de Saint-André, afin de supprimer une concurrence possible aux eaux de Saint-Alban ?

Les seuls renseignements écrits que nous avons pu rassembler sur cette source se réduisent à quelques notes de Noelas, de Broutin et de M. de Charmasse.

On lit dans le *Dict. géogr. ancien et moderne du canton de Saint-Haon-le-Chatel*, de Fr. Noelas (un vol. in-8, Saint-Etienne, 1871), p. 197 : « Les *Sals*, hameau de la commune de Saint-André, village d'origine gallo-romaine, *eaux minérales* exploitées au moyen âge, dont la source n'a pu être retrouvée. Ancienne possession de Saint-Jean-de-Jérusalem et de Malte, unie à Verrières (hameau de Saint-Germain-Laval). » Broutin *(Histoire des Couvents de Montbrison*, t. II, p. 352) affirme, de son côté, que la commanderie de Verrières (de Vitrariis) possédait des biens sur la paroisse de Saint-André-d'Apchon, au lieu de Sals « où coulait, au moyen âge, une source d'eau minérale aujourd'hui perdue ». M. A. de Charmasse reproduit l'affirmation de Broutin dans son travail sur l'*Etat des possessions des Templiers et des Hospitaliers en Mâconnais, Charollais, Lyonnais, Forez et partie de la Bourgogne d'après une enquête de 1333 (Mém. de la Soc. Eduenne*, nouv. série, t. VII, p. 104-147. Autun 1878, Cf. p. 142) (2).

---

(1) Cette source minérale serait aussi en relation avec la faille de la Côte ; elle sourdrait au pied de la falaise granitique, à l'extrémité d'un étroit vallon arrosé par le ruisseau des Salles.

(2) Pour Vincent Durand, le fait des Salles, possession de l'ordre de Malte, avancé par Noelas et répété par Broutin et par M. de Charmasse, ne paraît pas exact et n'a jamais été prouvé. Tout se réduit probablement à quelques cens ou rentes perçus à Saint-André-d'Apchon comme en vingt autres paroisses, peut-être à une subordination féodale, mais dont on n'a pas la preuve. (Cf. le *Forez pittoresque*, p. 232.) La bibliothèque de la Diana possède le terrier latin des Salles en Roannais, reçu par Guichard et Barthélemy de Montosse père et fils, notaires-jurés de la cour de Forez, au profit de Gilet des Salles, damoiseau, seigneur dudit lieu et de Tignoz, et d'Etienne de Lavieu, aussi damoiseau et seigneur des Salles, 1462-1488. *(Bull. de la Diana*, t. II, p. 258-59, 1881-84.)

Source des Chatards. — Cette source, découverte par M. Potier sur le territoire des Chatards (ancien hameau de Saint-André, rattaché depuis 1866 à Saint-Alban), sort des éboulis qui recouvrent les limites de la plaine, au pied des montagnes de la Côte.

Elle sourdait dans un pré, sur la rive gauche du Saint-Alban et à quelques mètres de ce ruisseau. Captée d'une façon sommaire, l'eau s'écoulait par un tuyau de plomb dans un bassin ménagé au centre d'une petite enceinte murée rectangulaire, percée de deux portes pourvues de grilles. Le débit était de 8 litres par minute, et la température de l'eau voisine de + 15 degrés. On admettait que cette eau était alcaline et sulfureuse ; on l'employait contre les scrofules et les affections cutanées. Vers 1845-1855, cent à cent cinquante personnes fréquentaient, chaque année, cette fontaine et son produit était estimé à deux cents francs environ.

En 1841, M. Potier adressa au Ministrère des travaux publics une demande d'autorisation d'exploitation, accompagnée d'un envoi de vingt bouteilles pour l'analyse chimique ; celle-ci fut exécutée par les soins de la Commission des eaux minérales nommée par l'Académie de médecine. Nous publions un extrait du rapport de M. Henry, lu dans la séance du 29 juin 1841 : « La Commission des eaux minérales s'est occupée de cette analyse et les résultats qu'elle a obtenus lui démontrent que l'eau de Saint-André-d'Apchon ne mérite aucun intérêt. Cette eau, naturellement froide, ne renferme, en effet, que des traces de matières fixes : pour un litre ou 1.000 grammes, 0 gr. 21, composées en très grande partie d'une matière organique, brune, de sulfate de soude avec quelques indices de chlorure de sodium et de carbonates terreux ; point de gaz carbonique ni autre de quelque importance.

« La matière organique avait réagi sur le sulfate dans quelques bouteilles en donnant lieu à des traces sensibles de sulfure.

« Le puisement de cette eau remonte, à la vérité, à une époque un peu ancienne ; mais l'eau ne renferme point assez de principes importants dont quelques-uns auraient toujours persisté sans altération, pour qu'on puisse attribuer à cette circonstance les résultats presque négatifs que nous avons trouvés. Nous ne voyons donc aucunement la nécessité de faire une nouvelle analyse de cette eau *prétendue minérale*, et nous répondrons à M. le Ministre des travaux publics que l'eau de Saint-André-d'Apchon découverte aux Châtards ne présente, sous le rapport médical, aucun intérêt. »

Aujourd'hui, les derniers vestiges des constructions élevées autour de la fontaine ont complétement disparu, le sol a été nivelé et l'herbe a envahi de nouveau le *Pré de la Source ;* l'eau de la fontaine des Chatards dirigée par une canalisation souterraine, s'écoule dans le lit du ruisseau voisin.

(Bibliographie de la Source des Chatards : *Eau minérale de Saint-André-d'Apchon*, rapport de M. Henry, *Bull. Acad. de Méd.*, t. VI, p. 782-783 ; 1840-1841. — *Annuaire de la Loire* pour 1845, p. 236. — Gruner, *Descript. géol. de la Loire*, p. 737 ; 1857. — Rimaud, *Eaux minér. du dép. de la Loire*, p. 39 ; 1860.)

BIBLIOGRAPHIE CHRONOLOGIQUE

des principaux travaux sur les Sources minérales de Saint-Alban.

1605. Jean Banc (1), docteur en médecine de Molins en Bourbonnois. *La mémoire renouvellée des merveilles des eaux natu-*
relles en faveur de nos Nymphes Françoises, et des mala-
des qui ont recours à leurs emplois salutaires. A Paris,
chez Pierre Sevestre imprimeur demeurant au carrefour
Saincte Geneviesve. Feuillets 15, p. 2, 17, 33, p. 2 (Aque

---

(1) Jean Banc et son ami Gaspard Bachot employèrent leurs loisirs pendant quinze ou seize années, à parcourir le Bourbonnais, l'Auvergne et le Forez ; ils visitèrent les sources minérales de ces provinces, no-tamment celles de Vic-le-Comte, de Médaigues, des baings de Vichy, de Chasteauneuf près S. Gervais (Auvergne) et de *S. Arban en Reanois.* (Partie troisième des *Erreurs populaires touchant la médecine et régime de santé*, en suite de celles de feu M. Laurens Joubert, contenant cinq livres, par Gaspard Bachot, Bourbonnois, conseiller et médecin du Roy,

S. *Urbani* frigide) (1), 90, p. 2 et 91 (chap. IX du 3ᵉ livre des eaux froides et naturelles de Sainct Arban en Forest).

1668. Petri Gontier Roannæi consiliarii et medici regis ordinarii, *Exercitationes hygiasticæ sive de sanitate tuenda et vita producenda.* Lugduni, Antonii Jullieron. Livre III. De aquis naturalibus medicamentosis ; chap. III, De acidulis præcipuis in specie, quarum usus est in Gallia, p. 60-61 (Aquæ Santalbanæ).

1670-1671. Du Clos (Samuel Cottereau) conseiller et médecin ordinaire du Roi, membre de l'Académie royale des sciences. *Observations sur les eaux minérales de plusieurs provinces de France,* faites en l'Académie royale des sciences, en l'année 1670 et 1671. In-12, Impr. Royale, 1675, p. 155-156. Les observations de Duclos ont été réimprimées dans les *Mémoires de l'Académie royale des sciences,* t. V, p. 31-90, 1731 *(Cf.* p. 76).

1718. Piganiol de la Force, *Nouvelle description de la France,* t. V, p. 407. *Cf* aussi 2ᵉ édition, t. VI, p. 220. et 3ᵉ édition, t. XI, p. 9 (1754).

1726-1730. Bruzen La Martinière, *Grand Dictionnaire géographique et critique,* t. VII, 2ᵉ partie, p. 33.

1734. Jacques-François Chomel, conseiller, médecin du roy, intendant des eaux minérales de Vichy. *Traité des eaux minérales, bains et douches de Vichy,* 1 vol. in-12, Clermont-Ferrand, P. Boutandon. Les observations de Duclos ont été réimprimées dans cet ouvrage, p. XXXI à CIX, « De l'eau de Saint-Arban », p. CI.

1753. Planque, *Bibliothèque choisie de médecine,* t. IV, p. 161 (observations de Duclos).

1763. Gavinet, *Analyse des eaux minérales de Moingt près de Montbrison en Forest,* lue à l'Académie le 13 décembre 1763. Mss.

à Moulins. *Œuvre nouvelle* désirée de plusieurs et promise par ledit feu Joubert. A Lyon, Th. Soubron. MDCXXVI. Cf. la dédicace du livre Vᵉ, p. 161-162.)

(1) On rencontre aussi *Saint-Urban* dans une poésie de Grillet, émailleur de la reine, naguère émailleur des déesses, citée par A. Baluffe (Molière inconnu). « Grillet avait coutume de ne pas faire de cures d'eaux. Les vins de Renaison lui paraissaient meilleurs pour sa chère santé et c'est à Renaison qu'il s'arrêtait de préférence... le vin était bon : il s'en trouvait bien et s'y tenait.

          « Et, quelque raison qu'on apporte
          « Que chaque chose a sa saison,
          « Saint-Urban après Renaison,
          « La mienne est toujours la plus forte. »

(V. le *Roannais illustré,* 2ᵉ s., 1885-1886, p. 71.)

de la Bibliothèque du Palais des Arts, à Lyon, Recueil
n° 120, mémoires sur les trois provinces, feuillets 258 à 269.

1765. Alléon Dulac, avocat en Parlement et aux Cours de Lyon.
*Mémoires pour servir à l'histoire naturelle des provinces
de Lyonnois, Forez et Beaujolois*, 2 vol. petit in-8, Lyon,
Claude Cizeron, *à la descente du pont de pierre, du coté de
Saint-Nizier*, t. I, p. 72.

1772. Buchoz, *Dictionnaire minéralogique et hydrologique de la
France*, t. I et II, « des Fontaines minérales », Paris, J.-P.
Costard, libraire, rue Saint-Jean-de-Beauvais, « Saint-Al-
ban », t. I, p. 68, t. II, p. 16.
Cet ouvrage a été réimprimé en 1775, sous le titre *Dic-
tionnaire des eaux minérales*, à Paris, rue Saint-Jean-de-
Beauvais, la première porte cochère au-dessus du Collège.

1774. Marin Richard de la Prade, *Analyse des eaux minérales du
Forez*. Mémoire présenté à l'Académie de la part de
M. R. de la Prade, médecin à Montbrison, le 8 février 1774.
Mss. de la Bibliothèque du Palais des Arts ; Recueil n° 120,
feuillets 254 à 257, « Eaux de Saint-Alban », feuillet 254,
p. 2 à 257. Ce mémoire renferme aussi l'étude des eaux de
Sail-le-Château-Morand ; de Duïvon, paroisse de Crémeaux;
de Salle-en-Donzy ; des Quatre, près de Feurs ; de Brandi-
Bas, près Saint-Pal-en-Chalancon.

1774. M. Richard de la Prade, Analyse des eaux minérales de Saint-
Alban, lue dans une séance publique de l'Académie des
sciences de Lyon, par R. de la Prade, docteur en médecine
de Montpellier, de l'Académie des Sciences, Belles-Lettres
et Arts de Lyon, conseiller-médecin ordinaire du Roi et
intendant des eaux de Montbrison, etc. *(Journal de médecine, chirurgie, pharmacie*, Paris, Didot, t. XLII, p. 132 à
139, numéro d'août 1774).

1774. Raulin, *Traité analytique des eaux minérales ; de leurs propriétés et de leur usage dans les maladies*, Paris, 2 vol.
in-12, Saint-Alban, t. I, p. 301 et t. II, chap. XIII, Eaux minérales de Saint-Alban, p. 348 à 359.

1778. M. Richard de la Prade, *Analyse et Vertus des eaux minérales du Forez et de quelques autres sources*, 1 vol. in-12,
147 pages, Lyon, au dépens des associés. — *Analyse des
eaux minérales de Saint-Alban*, p. 79-86. *Propriétés des
eaux minérales de Saint-Alban*, p. 86-87.

1779. Desbret, conseiller du roi, docteur en médecine de l'Université royale de Montpellier, ancien médecin des camps et
armées du roi, correspondant de la Société royale de médecine, intendant des eaux minérales et médicinales de
Châteldon. *Lettre à MM. les Auteurs du Journal de mé-*

decine. Br. in-12, 35 p. Clermont-Ferrand, Antoine Delcros ; Paris, Didot, p. 22-23, 31.

1785. J.-B.-F. Carrère, *Catalogue raisonné des ouvrages qui ont été publiés sur les eaux minérales en général et sur celles de la France en particulier*, 1 vol. in-4, VIII-584 p. Paris, Cailleau, p. 250-251.

1786. Alléon-Dulac, *Nouveaux mémoires pour servir à l'histoire naturelle des provinces du Lyonnais, Forez et Beaujolais*, par A. D. Mss. n° 75, Bibliothèque de la ville de Saint-Étienne (copie du mss. 11857 de la Bibliothèque Nationale). Chapitre sur les eaux minérales, feuillets 72 à 81 ; Saint-Alban, feuil. 79 à 81, p. 2. Le même chapitre renferme aussi des notices sur les eaux jaunes de Saint-Chamond, les eaux de Saint-Galmier, de Montbrison et Moingt, de Salt-en-Donzy, de Salt-sous-Couzan, de Perreux et de Saint-André.

1786. *Ordonnance de l'Intendant de la ville et généralité de Lyon, concernant l'entretien des fontaines et la distribution des eaux minérales de Saint-Alban*, du 24 mars 1786 (Archives départementales du Rhône, série C, n° 4. Affiche imprimée).

1797. Passinges, professeur d'histoire naturelle à l'École Centrale de Roanne. Mémoire pour servir à l'histoire naturelle du département de la Loire ou ci-devant Forez *(Journal des mines*, t. VI, p. 813-852, an V, t. VII, p. 117-144 et 181-212, an VI, « Eaux de Saint-Alban, VII, p. 208-209. Réimprimé dans les *Annales scientifiques de l'Auvergne*, t. XIII, p. 272-406 ; 1840, p. 400-401.

1806? Antoine Granjon, *Statistique du département de la Loire*, Mss. Bibliothèque de la Diana, petit in-folio, 630 p. Voir p. 446.

1807. Hector (Sonyer) du Lac de la Tour d'Aurec, *Précis historique et statistique du département de la Loire* (Forest), 2 vol. in-8, t. II, p. 192-193.

1811. E.-J.-B. Bouillon-Lagrange, *Essai sur les eaux minérales naturelles et artificielles*, 84-85.

1816. Dr Cartier, inspecteur des eaux minérales de Saint-Alban, médecin des épidémies, etc. *Notice et analyse des eaux minérales de Saint-Alban, hameau dépendant de la commune de Saint-André-d'Apchon, sur la rive gauche de la Loire*. br. in-8, 22 p. Lyon, chez Jailly, propriétaire des eaux minérales, rue Sirène, n° 6, et dans son hôtel, à Saint-Alban.

1818. J. Duplessis, *Essai de statistique sur le département de la Loire*, 1 vol. in-12, p. 445.

1818. Ph. Patissier, *Manuel des eaux minérales de la France*, p. 280-282.

1826. J.-L. Alibert, *Précis historique sur les eaux minérales les plus usitées en France*, in-8, Paris, p. 278-279.

1829. Mérat et de Lens, *Dictionnaire universel de thérapeutique et de matière médicale*, 6 vol., Paris, 1829-1834, Suppl. 1846, « Notice sur Saint-Alban », t. I, p. 126-127.

1830. Longchamp, *Annuaire des eaux minérales de la France*, p. 78.

1832. *Dictionnaire de médecine ou répertoire général des sciences médicales*, par Adelon, etc., 2ᵉ éd., 1832-1846, 30 vol., « Notice sur Saint-Alban » rédigée par Dezeimeris, t. II, p. 119-120.

1833. Goin, *Notice sur Saint-Alban, ses eaux minérales salines, ferrugineuses et gazeuses naturelles et ses eaux acidules gazeuses fabriquées*. Mss 12 p. Archives de la Société de médecine de Lyon (7 janvier 1833).

1834. Dʳ Goin, *Mémoire sur les eaux minérales de Saint-Alban, près Roanne*, br. in-8, 40 p. Roanne, impr. Meyer et Cie.

1835. J.-J. Baude, député de la Loire, Les eaux de Saint-Alban *(Mercure Ségusien*, 11ᵉ année, n° 859, p. 2 et 3, du 16 juillet 1835, et *Moniteur Universel*, n° 223, p. 1838, du 11 août 1835).

1837. Patissier et Boutron-Charlard, *Manuel des eaux minérales naturelles*, Paris, in-8, p. 278 à 280, 552.

1837. Isidore Bourdon, *Guide aux eaux minérales de la France*, etc., 2ᵉ éd., Paris, in-12, p. 286.

1838. *Guide pittoresque du voyageur en France*, etc., par une Société de gens de lettres, de géographes et d'artistes t. II, « départ. de la Loire », p. 14 et 15.

1839. Dʳ Goin, *Des eaux minérales considérées sous le rapport de la législation, de la science et de l'humanité*, br. in-8, 16 p. Roanne, impr. E. Périsse.

1839. Dʳ G. Sabatin, *De l'action des eaux minérales*, premier mémoire, br. in-8, 32 p. Paris, Labé. *Cf* p. 3, 11 à 32.

1841. Nepple, *Quelques réflexions sur les eaux minérales de Saint-Alban relativement à la dysménorrhée*. Note manuscrite de 4 p. Archives de la Société de médecine de Lyon (mai 1841).

1842. Nepple, Notice sur l'emploi du gaz acide carbonique pur dans l'établissement des eaux minérales de Saint-Alban *(Journal de médecine de Lyon*, mars 1842, t. II, p. 291-294).

1842. Nepple, Observations sur l'usage du gaz carbonique dans l'établissement des eaux thermales de Saint-Alban *(Journal de médecine de Lyon*, octobre 1842, t. III, p. 237 à 257).

1843. Nepple, Des eaux salines acidules de Saint-Alban et de leur valeur thérapeutique *(Journal de médecine de Lyon*, mai et juin 1843, t. IV, p. 337-360 et 421-452), br. in-8, Lyon, impr. de Marle, s. d.

1843. Auguste Lamblot, Voyage aux forêts de la Magdeleine par la Côte Roannaise avec des observations sur les végétaux. Bordeaux, 1843 *(Sources minérales d'Origny et de Saint-Alban*, p. 8).

1845. *Annuaire administratif et statistique du département de la Loire pour 1845*. Montbrison, Bernard. Notice sur les eaux minérales du département, p. 225 à 239. Saint-Alban, p. 230-231).

1846. Nepple, *Gazette médicale de Paris*, année 1846, p. 146.

1847. *Saint-Alban, département de la Loire, ses eaux minérales et ses eaux gazeuses*, prospectus de 4 p. La Guillotière, typ. Bajat.

1849. *Dictionnaire de médecine usuelle*, publié sous la direction du Dʳ Beaude, Paris, Didier.

1850. *Dictionnaire des Dictionnaires de médecine français et étrangers*, par une Société de médecins, sous la direction du Dʳ Fabre, 8 vol. Paris, Baillière, t. III, p. 447-449.

1851. Constantin James, *Guide pratique aux principales eaux minérales*, Paris, Masson, 1 vol. in-8, p. 236.

1851. G. Touchard-Lafosse, *La Loire historique, pittoresque et biographique*, t. I, p. 537-538.

1854. Patissier, Rapport sur le service médical des établissements thermaux pour les années 1851 et 1852 *(Mémoires de l'Académie de médecine*, t. XVIII, p. 337-558) (Analyse du rapport envoyé par M. le Dʳ Gay sur Saint-Alban, p. 435 à 439. Tiré à part, 1 vol. in-4, 224 p. Paris, J.-B. Baillière, voir p. 99 à 103).

1854. *Annuaire des eaux de France pour 1851-1854*, publié par ordre du Ministre de l'agriculture, du commerce et des travaux publics, et rédigé par une Commission spéciale. Paris, Imprimerie Nationale, 1 vol. in-4, LXXII-732 p., 1 carte, « Saint-Alban », p. 382-383.

1854. Peter, *De l'inhalation du gaz carbonique* (thèse de Paris).

1856. Alph. Guérard, Rapport sur le service médical des établissements thermaux pour 1853 *(Mémoires de l'Académie de médecine*, t. XII, p. LXXXVII-CXXI) (Analyse du rapport envoyé par le Dʳ Gay pour 1853).

1857. L. Gruner, *Description géologique et minéralogique du département de la Loire*, « Eaux de Saint-Alban », p. 408, 723, 726-727.

1858. Auguste Bernard, *Description du pays des Ségusiaves*, in-8, Paris, Dumoulin. Lyon, Brun, « Montouse », p. 108.

1859. Pétrequin et Socquet, *Traité général pratique des eaux minérales de la France et de l'étranger*, 1 vol. in-8. Lyon, Scheuring, «Saint-Alban», p. 34, 74, 84, 97, 152 à 157, 184, 544.

1859. Rotureau, *Des principales eaux minérales de l'Europe*, 3 vol. in-8, Paris, 1857 à 64, t. II, 1859, p. 620.

1859. Félix Roubaud, *Les eaux minérales de la France*, 1 vol. in-12, Paris, p. 247-248.

1859. Gay, médecin-inspecteur, *Saint-Alban*, plaquette de 4 p. Cusset, impr. Th. Villard, 5 juin 1859.

1859. Jules Lefort, Analyse chimique de l'eau minérale de Saint-Alban (Loire), présentée à l'Académie de médecine de Paris, le 25 janvier 1859. Rapport fait à l'Académie de médecine par Poggiale, Henry et F. Boudet, rapporteur. Séance du 15 mars 1859 (*Bulletin de l'Académie de médecine*, t. XXIV, p. 609. — *Journal de chimie et de pharmacie*, 3e série, t. XXXV, p. 267 à 270, 1859). — Un plaquette in-4, 4 p., Moulins, impr. Enault.

1860. J. Lefort, *Rapport sur l'analyse des eaux des puits Antonin et Julia*, 8 mai 1860.

1860. Dr A. Rimaud, *Des eaux minérales du département de la Loire, de Saint-Christophe et de la Chapelle d'Aurec*. Br. in-8, 97 p. Saint-Etienne, impr. J. Pichon, « Sources minérales de Saint-Alban », p. 27 à 34.

1860. Durand-Fardel, Le Bret, Lefort et François, *Dictionnaire des eaux minérales*, 2 vol. in-8, Paris, Baillière, t. II, p. 672-675.

1861. *Notice sur l'établissement thermal de Saint-Alban, près Roanne (Loire)*, Tachon fils et Cie, concessionnaires, hôtel Saint-Louis, à Roanne, br. 30 p.

1862. Durand-Fardel, *Traité thérapeutique des eaux minérales, etc.* 1 vol. in-8, Paris, G. Baillière, 2e éd., « Saint-Alban », p. 43, 283, 414, 496, 580, 595, 626; 634; 645; 650.

1863. *Notice sur l'établissement thermal de Saint-Alban, près Roanne (Loire)*. Direction Hôtel Saint-Louis, Roanne, br. in-8, 34 p.

1863. Jozan, Note sur les établissements thermaux de Sail-lès-Château-Morand et de Saint-Alban (*Annales de la Société de médecine de Saint-Etienne et de la Loire*, séance du 15 septembre 1863 t. II, p. 855-856, 1861 à 1864).

1864. *Notice sur l'établissement thermal de Saint-Alban-les-Eaux, près Roanne (Loire)*, br. in-8, 33 p., Roanne ,impr. Sauzon.

1865. Henri Lecoq, *Les eaux minérales du massif central de la France, considérées dans leurs rapports avec la chimie et la géologie*, 1 vol. in-8, Paris, Rothschild. Cf. p. 250, 255 à 257.

1865. *Dictionnaire encyclopédique des sciences médicales*, publié sous la direction de Delorme et Dechambre, 100 vol. in-8, 1865 à 1889, « Notice sur Saint-Alban », par A. Rotureau, t. II, p. 385-388.

1865. F. Monin, Les eaux de Saint-Alban *(Gazette médicale de Lyon,* t. XVII, p. 361-365, 17e année, n° 16, du 16 août 1865).

1866. F. Monin, *Essai sur les eaux minérales de Saint-Alban (Loire)* 2e éd. br. in-8, 32 p., Lyon, Mégret (Compte rendu critique par P. Diday, dans la *Gazette médicale de Lyon,* 18e année, n° 10, du 16 mai 1866, p. 241-242), 3e éd., br. in-8, 32 p. Roanne, Durand.

1866. Demarquay, *Essai de pneumatologie médicale,* 1 vol. in-8, Paris, J.-B. Baillière, p. 496.

1866. Bains de Saint-Alban-les-Eaux, près Roanne (Loire). *Lettre d'un baigneur,* par Louis-Marie de France (Placide Cauly), in-8, Paris.

1867. Cornil, chirurgien de l'hospice de Cusset, *Deux jours à l'établissement thermal de Saint-Alban, près Roanne (Loire).* Moulins, impr. Ducroux et Gourjon Dulac. br. in-8, 8 p.

1867. *Notice sur l'établissement thermal de Saint-Alban, près Roanne (Loire),* J. Capelet, concessionnaire, br. in-8, 40 p., Roanne, Sauzon.

1867-1868. Alph. Guérard, Rapport sur le service médical dans les établissements thermaux pour l'année 1864 *(Mémoires de l'Académie de médecine,* t. XXVIII, p. cxv-cxiv, analyse du rapport envoyé par le Dr Gay, p. clxxiii-v).

1868. Réimpression de la brochure J. *Capelet de 1867.* Roanne, Sauzon, 40 p.

1868. *Notice sur l'établissement thermal de Saint-Alban, près Roanne, Loire.* J. Capelet, concessionnaire, br. in-8, 16 p., Roanne, Sauzon.

1868. Réimpression de la brochure précédente, petit format, 13 sur 9 centimètres, 16 p. Roanne, Sauzon.

1868. Gay, Aphonie par laryngite chronique guérie par l'inhalation du gaz acide carbonique *(Gazette médicale de Lyon* t. XX, p. 472-473, n° 39, du 18 octobre 1868).

1868. L'Enduran, Saint-Alban, première, deuxième, troisième journées *(Echo roannais* des 13, 20, 27 septembre 1868).

1868. Adrien Peladan fils, *Guide pittoresque, historique et médical de Saint-Alban et de ses environs,* 1 vol. in-8, vi-158 p., Roanne, Durand. Compte rendu par Saint-Olive *(Gazette médicale de Lyon,* t. XX, p. 426, 1868).

1870. Gay, Etablissement thermal et hydrothérapique de Saint-Alban, près Roanne. *Traitement par le gaz carbonique aux eaux de Saint-Alban,* br. 15 p., Roanne, imp. Marion et Vignal.

1870. *Etablissement thermal et hydrothérapique de Saint-Alban, près Roanne (Loire).* J. Capelet, concessionnaire, br. 20 p., Roanne, impr. Marion et Vignal.

1871. *Etablissement thermal et hydrothérapique de Saint-Alban, Société en commandite sous la raison sociale Capelet et Cie, Statuts.*, br. in-8, 23 p., Roanne, impr. Marion et Vignal.

1871. *Programme de la Société en commandite pour l'exploitation de l'établissement thermal et hydrothérapique de Saint-Alban*, br. 12 p., Roanne, Marion et Vignal.

1871-1872. J.-E. Pétrequin, Des eaux minérales de la France comparées à celles de l'Allemagne sous le double rapport de la science et de l'art, pour servir de guide aux médecins praticiens *(Mémoires de l'Académie des Sciences, Belles-Lettres et Arts de Lyon*, classe des sciences, t. IX, 185-264, 1871-1872, p. 212-213).

1873. *Notice sur Saint-Alban*, J. Capelet, concessionnaire, br. 20 p., Roanne, E. Ferlay.

1873. *Observations importantes sur le traitement hydrominéral combiné à Saint-Alban avec la cure hydrothérapique*, troisième lettre (15 mai 1873), D' Gay, médecin, inspecteur, br. 12 p., Roanne, impr. E. Ferlay.

1876? *Eaux de Saint-Alban* (projet de constitution d'une Société pour l'exploitation des eaux, après le départ de M. Capelet), br. 8 p., Roanne, impr. Ferlay, s. d.

1876. Etablissement thermal et hydrothérapique de Saint-Alban, près Roanne (Loire). *Traitement par le gaz acide carbonique*, par M. le D' Gay, médecin-inspecteur de cet établissement. Etablissement hydrothérapique sous la direction du D' Hugues, de Nice, br. in-12, 20 p., Roanne, impr. Ferlay.

1877. *Station hydrominérale de Saint-Alban (près Roanne, Loire)*, br. in-8, 74 p., Lyon, imprimerie du Salut Public (Bellon).

1878. Servajan, Saint-Alban (extrait du *Guide aux Bains d'Europe)*.

1878. Servajan *Lettre médicale sur Saint-Alban* (1er mai 1878), br. 10 p., Roanne, impr. Chorgnon.

1878. J. Lafond, *Le département de la Loire à l'Exposition universelle de 1878. Mines, etc., Eaux minérales, etc.*, br. in-8, 108 p., Montbrison, A. Huguet, 1878, p. 100-101.

1879. Servajan, *Etude clinique sur le traitement par l'acide carbonique aux eaux de Saint-Alban*, br. in-8, 53 p., Lyon, Mougin-Rusand.

1880. Servajan, *Des eaux minérales de Saint-Alban au point de vue clinique et des diverses méthodes de traitement par l'acide carbonique*, br. in-8, IV-115 p., Paris, Masson.

1880. *Petit indicateur des eaux minérales de Saint-Alban, près Roanne (Loire), à l'usage de MM. les baigneurs*, br. in-16, 8 p., Roanne, impr. Chorgnon.

1882. *Statistique détaillée des sources minérales exploitées ou autorisées en France et en Algérie au 1er juillet 1882. Ministère des travaux publics, direction des routes, de la navigation et des mines, service de la statistique de l'industrie minérale*, Paris, Imprimerie Nationale, 1883, 1 vol. in-4. *Cf.* p. 32-33.

1882. Jaccoud, *Nouveau dictionnaire de médecine et de chirurgie pratiques. Notice sur Saint-Alban,* rédigée par Labat, t. XXXII (1882), p. 143-144.

1882. Servajan, Note sur les eaux de Saint-Alban *(Annales de la Société de médecine de Saint-Etienne et de la Loire* (séance du 16 mai 1882), t. VIII, p. 164-167, 1881 à 1884. Reproduit dans *la Loire médicale,* année 1882, p. 67-70).

1883. *Notice sur les eaux minérales de Saint-Alban, près Roanne (Loire),* Roanne, Imprimerie de l'Union républicaine, br. 31 p.

1884. Servajan, *De l'action physiologique et thérapeutique des eaux minérales de Saint-Alban,* br. in-8, 39 p., Paris, Masson.

1885. Jacquot, inspecteur général des mines, *Mémoire sur les stations d'eaux minérales de la France, d'après les rapports des médecins inspecteurs relatifs à la saison thermale de 1881,* 1 vol. in-8, 176 p., Imprimerie Nationale, « Saint-Alban », p. 30-31.

1886. Hector Malègue, *Essai d'une étude sur les eaux minérales dans les départements de la Loire, Haute-Loire et Allier,* br. *Montpellier,* « Saint-Alban », p. 50-51.

1889. Les eaux de Saint-Alban à l'Exposition des eaux minérales *(Gazette des eaux,* 4 juillet 1889).

1889. G. Bardet et J.-L. Macquarie, *Villes d'eaux de la France,* 5e éd., 1 vol., 550 p., Paris, Dentu, « Saint-Alban », p. 405-409.

1892. Ed. Egasse et Guyenot, *Eaux minérales naturelles autorisées de France et d'Algérie. Analyse applications thérapeutiques,* 2e éd., Paris, in-8, p. 366-367.

1892. L. Galland-Gleize, *De la station hydrominérale de Saint-Alban et des principales applications thérapeutiques de ses eaux,* br. in-16, 106 p., Roanne, impr. Bourg et Cie.

1892. *Opinion du corps médical sur les eaux minérales naturelles de Saint-Alban (Loire),* br. 19 p., Roanne, Bourg eu Cie.

1893. Le Verrier, *Carte géologique de la France au 80.000.* Feuille de Roanne, notice.

1894. E. Jacquot et Willm, *Les eaux minérales de la France,* 1 vol. gr. in-8, x (XII)-602 p., 1 carte, Paris, Baudry et Cie, p. 103.

1896. Jardet, Nivière, Lavergne, Doit-Lambron, Heulz et Boursier, *Traité pratique d'hydrologie,* in-8, Paris, Doin, p. 425-426.

1899. Ministère des travaux publics, division des mines. *Statisti-*

que détaillée des sources minérales exploitées ou autorisées en France et en Algérie au 1ᵉʳ janvier 1899, Paris, Imprimerie Nationale, Saint-Alban, p. 52-53.

1899. De Launay, *Recherche, captage et aménagement des sources thermo-minérales,* gr. in-8, x-635 p., Paris, Béranger, p. 253 et 271.

1904. Dᵣ Henri Reure, La chlorose et la neurasthénie, leur traitement à Saint-Alban *(Lyon médical,* t. CII, p. 560-565, numéro du 20 mars 1904 et br. 4 p., Lyon, impr. F. Plan).

Qu'il nous soit permis, en achevant ce travail, d'exprimer notre reconnaissance à toutes les personnes qui ont facilité notre tâche et, particulièrement, à M. Cl. Roux, docteur ès sciences, à M. le chanoine Reure, à M. G. Chambarlhac et à M. J. Saignol.

M. Cl. Roux nous a laissé puiser dans sa riche bibliothèque un grand nombre de publications et de brochures devenues rares et dont plusieurs sont presque introuvables dans le commerce. M. Reure a bien voulu nous signaler les écrits de Jean Banc, de Gaspard Bachot, de Pierre Gontier et l'ordonnance de 1786. M. Chambarlhac, gérant de la Société des eaux minérales de Saint-Alban, et M. J. Saignol, directeur de la fabrication, nous ont communiqué les documents, les monnaies romaines et les publications conservées dans les archives de l'établissement hydrominéral. C'est pour nous un agréable devoir de leur présenter ici nos remerciements les plus sincères.